FORSCHUNGSBERICHTE
DES WIRTSCHAFTS- UND VERKEHRSMINISTERIUMS
NORDRHEIN-WESTFALEN

Herausgegeben von Staatssekretär Prof. Leo Brandt

Nr. 69

Wäschereiforschung Krefeld

Bestimmung des Faserabbaues bei Leinen unter besonderer
Berücksichtigung der Leinengarnbleiche

SPRINGER FACHMEDIEN WIESBADEN GMBH 1954

ISBN 978-3-663-12838-0   ISBN 978-3-663-14492-2 (eBook)
DOI 10.1007/978-3-663-14492-2

Forschungsberichte des Wirtschafts- und Verkehrsministeriums Nordrhein-Westfalen

G l i e d e r u n g

I. Aufbau der Leinenfaser
    1) Aufbau von Faserflachs . . . . S. 5
    2) Der Röstprozeß . . . . S. 6
    3) Flachs- und Werggarne . . . . S. 8
    4) Feinbau der Einzelfaser . . . . S. 8

II. Abbau der Leinenfaser
    A) Allgemeines . . . . S. 9
    B) Prüfverfahren zur Bestimmung des Faserabbaues
        1) Reißfestigkeitsprüfungen . . . . S. 11
        2) Prüfung auf Zelluloseabbau-Produkte . . . . . S. 12
        3) Viskositätsmessungen (DP-Bestimmung) . . . . S. 12
        4) Laugenlöslichkeitszahlen . . . . S. 15
    C) Untersuchungsergebnisse
        1) Röste und Faserabbau . . . . S. 16
        2) Leinengarnbleiche und Faserabbau . . . . . . S. 18
            a) Festigkeitswerte . . . . S. 22
            b) DP-Werte . . . . S. 24
            c) Leinenlöslichkeitszahlen . . . . S. 27
            d) Abkochverluste . . . . S. 29
            e) DP-Bestimmungen an abgekochten Garnen . . S. 33
            f) Viskositätsmessungen an den Natronlauge-
               Zellulose-Lösungen . . . . S. 33
        3) Gegenüberstellung von DP- und Löslichkeits-
           zahl-Bestimmung . . . . S. 35

Zusammenfassung . . . . S. 35
Literaturverzeichnis . . . . S. 37

I. Aufbau der Leinenfaser

1.) Aufbau von Faserflachs

Während die Baumwollfasern nach ihrer Ernte praktisch in verspinnbarem Zustand vorliegen - nur Reste von Samenschalen sind vor der Verarbeitung noch zu entfernen - müssen bei den Bastfasern mehrfache Arbeitsgänge angewendet werden, um sie aus dem natürlichen Verband im Stengel freizulegen und sie in verspinnbare Form überzuführen.

Unter den Bastfasern ist neben Hanf, Ramie und Jute der Flachs heute noch von größerer textiler Bedeutung, besonders wegen der wertvollen Eigenschaften der Leinengewebe.

Zur Gewinnung der Textilfaser geht man vorzugsweise von dem langstengligen Faserflachs aus, der zwar eine geringere Oelausbeute ergibt - das Leinöl wird aus den Samenkörnern des Flachses gewonnen - dafür aber längere und zufolge geringerer Verästelung der Pflanze leichter freilegbare Faserbündel enthält. Die Lage der Bastfasern im Stengel der Pflanze und deren Grobbau mögen folgende Schemazeichnungen darstellen:

Abbildung 1 zeigt einen schematischen Querschnitt durch einen Flachsstengel. Man erkennt die Lage der Bastfasern in den Rindenzellen. Abbildung 2 gibt einen schematischen Längsschnitt durch ein Bastfaserbündel wieder.

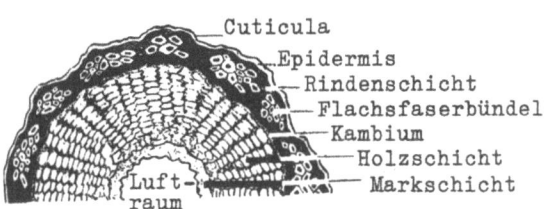

Querschnitt von Flachsstengel (Schema)

Abbildung 1

Forschungsberichte des Wirtschafts- und Verkehrsministeriums Nordrhein-Westfalen

3) Flachsgarn und Werggarn

Die mechanische Aufbereitung des Flachses umfaßt das Brechen, Schwingen und Hecheln. Das Brechen hat den Zweck, die beim Rösten spröde gewordenen Holzbestandteile der Pflanze in eine Vielzahl von Holztrümmer zu zerlegen, um sie beim anschließenden Schwingen und Hecheln leicht entfernen zu können. Bei letzteren Arbeitsgängen fällt neben den Holzscheben als unvermeidliches Nebenprodukt das sogenannte Werg an. Dies besteht aus kurzen und verwirrten Faserbündeln, die in besonderen Spinnereien zu den Werggarnen (gröbere Garne) verarbeitet werden. Die gröberen Werggarne werden vornehmlich als Schußgarne, so z.B. in halbleinenen Handtüchern, verwebt. Der langfaserige, gehechelte Flachs ergibt das Flachsgarn (feinere Garne). Die Verspinnung erfolgt hier nach Erweichen der Mittellamelle in heißem Wasser (Naßspinnverfahren).

Bei chemischer Untersuchung sind keine großen Unterschiede zwischen Flachs- und Werggarnen zu finden.

Die Einzelfaser besteht im wesentlichen aus Zellulose und einem geringen Gehalt an Eiweißstoffen im Innern der Zelle. Demgegenüber ist die Mittellamelle sehr wechselnder Zusammensetzung. Sie enthält die sogenannten Pektin-Stoffe:

Calcium- und magnesiumhaltiges Pektin (2 - 7%), Ligninstoffe (1 - 5 %), Zellulosesubstanzen, Pentosane, Hexosane, Stärke, Gerbstoffe, Eiweiß und Wachs.

4) Feinbau der Einzelfaser

Es wurde schon erwähnt, daß die Einzelfasern im wesentlichen aus Zellulose bestehen. Die Natur baut solche Zellulosesubstanzen durch Zusammenlagerung (=Polymerisation) von Glucose-Molekülen (Glucose-Traubenzucker) auf. Die Verknüpfung (chemische Bindung unter Wasseraustritt) erfolgt in stets gleicher Weise derartig, daß eine lange Kette von Glucose-Bausteinen zusammentritt und dadurch ein Zellulose-Molekül gebildet wird. In seinem äußeren Bau ist ein solches Molekül mit einer langgestreckten Perlenkette vergleichbar, wobei die Perlen die einzelnen Glucose-Reste darstellen. Die Anzahl der Glucose-Bausteine, die ein Zellulose-Molekül enthält, bezeichnet man als seinen "Polymerisationsgrad".

Forschungsberichte des Wirtschafts- und Verkehrsministeriums Nordrhein-Westfalen

Bei Flachs hat man ebenso wie bei anderen Zellulose-Naturfasern, die für textile Zwecke Verwendung finden, einen Polymerisationsgrad von ca. 3000 gefunden.

Das Einzelmolekül ist trotz seiner großen Länge ($1,5\,\mu$) mikroskopisch nicht sichtbar, da es in der Breite ja nur die geringe Ausdehnung eines Zuckermoleküls, d.h. 1/3000 der Länge, besitzt.

Den Aufbau der Einzelfaser aus einer Vielzahl von langgestreckten Einzelmolekülen hat man sich in ähnlicher Weise vorzustellen wie den eines Garnes aus Einzelfasern, hier allerdings in einem anderen Größenbereich. Es besteht im wesentlichen eine Ausrichtung der Moleküle parallel zur Faserachse. Die seitlichen Anziehungskräfte des einzelnen Moleküls sind in ihrer Wirkung vielen kleinen, längs des Moleküls sitzenden Magneten vergleichbar. So ist ihr Zusammenhalt umso starrer und fester, je dichter sie aneinander gelagert sind. Dichte Bündel von ca. 30 Einzelmolekülen ergeben die sogenannten "Kristallinen"-Bereiche der Fasern (Mizellen). Der Wechsel kristalliner (d.h. streng geordneter) und amorpher (d.h. ungeordneter) Molekül-Bereiche und deren Anordnung innerhalb der Faser bedingt die Fasereigenschaften.

II. Abbau der Leinenfaser

A) Allgemeines

Greifen Chemikalien die Zellulosefaser an, so werden zunächst nur ihre langen fadenförmig gebauten Moleküle an einzelnen Stellen aufgespalten und es entstehen kürzere Ketten. Solche Verkürzungen der Fasermoleküle werden zunächst nicht sichtbar, da das Gerüst der Faser unverändert bleibt. Hierbei ist zu vernachlässigen, daß einzelne durch diese Spaltungen verkürzte Moleküle, die hierbei aus dem Verband der Moleküle vollständig abgetrennt wurden, aus der Faser herausgelöst werden können. Bei der Einwirkung von Bleichmitteln hat man stets mit einem derartigen Angriff auf die Faser zu rechnen. Es entstehen dabei kürzere Moleküle, der Polymerisationsgrad sinkt. Man spricht von "Faserabbau" oder "Chemischer Schädigung". Bei den Textilfasern hat diese Aufspaltung der Moleküle eine Minderung des inneren Haltes zur Folge, verursacht somit einen Festigkeitsverlust. Die

Moleküle können nicht alle gleichzeitig oder gleichartig bei einem Abbau verkürzt werden. Sie sind mehr oder weniger dicht gepackt in der Faser eingebaut und somit dem Bleichmittel mehr oder weniger zugängig. Die Zellulosefaser setzt sich daher aus Molekülen ungleicher Längen zusammen. Die jeweilige Aufbaubeschaffenheit der Faser wird mit dem Durchschnitts-Polymerisationsgrad = DP gekennzeichnet.

Mit Säure kann die Zellulose im Extrem Fall bis zu Zucker (Glucose) d.h. bis zu ihren Einzelbausteinen abgebaut werden (Holzverzuckerung). Bei Textilfasern sind derartig extreme Schädigungen nicht erfaßbar, da eine Faser bereits bei weniger kräftigem Angriff völlig morsch wird. Ausgehend von einem DP von 3000 für native Flachsfasern sinkt dieser Wert je nach der Art des Bleichverfahrens bei einer Bleichbehandlung mehr oder weniger stark. Bei welchem DP ein endgültiger Verschleiß eines Leinengewebes einsetzt, wird davon abhängen, ob ein mehr chemischer Faserabbau oder eine mehr mechanische Zerstörung des Gewebeverbandes - wobei Alkali durch Zerlegen der Flachsfaser in ihre Elementarzellen beitragen kann - vorherrscht. Die an stark geschädigten Leinengeweben ermittelten niedrigsten DP-Werte lagen bei etwa 200. Fasern mit einem DP-Wert von 100 - 200 kann man bereits zwischen den Fingern zu Pulver verreiben, was darauf zurückzuführen ist, daß mit dem Abbau die Zellulose zunehmend spröder wird und stark an Festigkeit verliert. Bei der Flachsfaser ist zu berücksichtigen, daß die verkittende Mittellamelle ebenfalls Zellulosebestandteile enthält und chemischen Abbaureaktionen zugänglich ist.

Wie starke Schädigungen an Flachs durch mechanische Bearbeitung entstehen können, stellt das folgende mikroskopische Bild aus einem Flachsgarn dar (Abb.5). Im Gegensatz zu den Abbildungen 3 und 4 zeigen sich hier durch die mechanische Bearbeitung, vor allem beim Brechen der Faser, deutliche Querbrüche. Zufolge der geringen Elastizität der Flachsfaser bilden sich bei Biegungsbeanspruchungen Querbrüche, die bei einer weiteren Versprödung der Faser immer deutlicher zutage treten und den "Gebrauchswert" des hieraus gesponnenen Garnes herabsetzen.

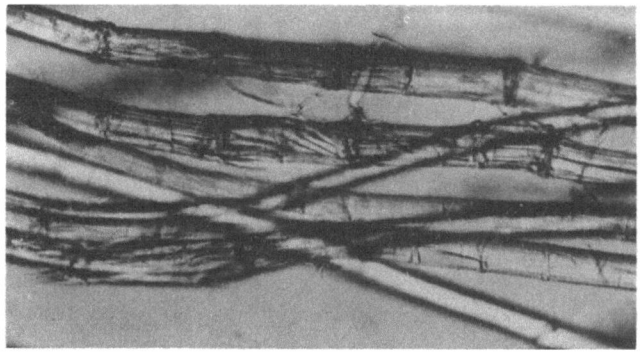

Abbildung 5
Bastfaser im Flachsgarn (250:1)

B) Prüfverfahren zur Bestimmung des Faserabbaues

1) Reißfestigkeitsprüfungen

Wie schon erwähnt, fällt eine chemische Schädigung beim Prüfen der Naßfestigkeit der Textilien in stärkerem Maße auf. Reißprüfungen sagen jedoch nur über den Gesamtverlust aus, den wir durch Gegenüberstellungen von Anfangswerten und nach dem Bleichen und Waschen gefundenen Zahlen errechnen. Wie weit hier chemische und mechanische Einwirkungen beteiligt sind, bleibt fraglich. An mechanische Einflüsse durch Zerreißen und Zerquetschen von Fasern ist jedoch zu denken, wenn wir die vielfältigen Behandlungen: Ausschlagen der Garnsträhne, Abquetschen der Gewebe unter Spannung, Waschen im Strang usw. in Betracht ziehen. Eine stärkere Schädigung der Faser wird sich bei Festigkeitsprüfungen alsbald zeigen, doch können Abnahmen durch besseres Verflechten, Verfilzen der Garne und Fasern überdeckt sein. Bei Gebrauchswäsche fragt es sich, wie die Fasern durch Knittern, Zerren u.a.m. beansprucht werden und ob nicht Kalkinkrustierungen aus dem Wasser mit den Waschmitteln ihre physikalischen Eigenschaften abändern.

Zur Prüfung gebleichter, gewaschener Textilien aus Leinen ist zu betonen, daß wir außer der chemischen Schädigung, d.h. dem Faserabbau der Makromoleküle, zu kleineren Kettengebilden und den mechanischen Einflüssen weiter und nicht wenig an das Zerlegen der langen technischen

Spinnfaserbündel in ihre Elementarzellen zu denken haben. Ein Isolieren der nur wenige Zentimeter langen Einzelzellen durch Auflösen der verklebenden Bindesubstanzen in alkalischen Laugen - ohne einen chemischen Faserabbau - muß für die Reißfestigkeit von Belang sein. Um bessere Einsicht in die Ursachen einer geminderten Gebrauchsfestigkeit zu gewinnen, ist deshalb anzustreben, die Faktoren: Faserabbau, mechanische Einwirkung und das Zerlegen der Faserbündel von Leinen getrennt zu erfassen.

Bei Baumwolle und Chemiefasern haben wir das Zerlegen langer Faserbündel nicht zu berücksichtigen, es sind hier nur die chemischen und mechanischen Einwirkungen aufzuteilen.

2) Prüfung auf Zelluloseabbau-Produkte

Oxyzellulose und die durch Säuren entstehende sogenannte Hydrozellulose sind an ihren reduzierenden Eigenschaften erkennbar, z.B. mit der als Reagenz auf Zucker bekannten Fehlingschen Lösung. Auch das Anfärbevermögen ist verändert, beispielsweise wird Methylenblau zum Nachweis herangezogen. Solche Reaktionen sprechen erst bei sehr starken chemischen Schädigungen deutlich an und es bleibt zu erwägen, ob die Abbauprodukte nicht bereits wieder teilweise entfernt wurden, wie dies durch ein Abkochen mit Alkali möglich ist. Bei Leinen stört weiter das Reduktionsvermögen, das die Faserbegleitsubstanzen wie Pektin ihrerseits aufweisen. Ein nicht ausgebleichtes Garn zeigt vielleicht ein erhebliches Reduktionsvermögen und man weiß nicht recht, ob und wie weit bereits eine Oxyzellulosebildung mitspricht. Deshalb gestattet die Prüfung auf Oxyzellulose keine zahlenmäßige Einschätzung der textilen Wertminderung.

3) Viskositätsmessungen

Löst man eine Substanz in einem Lösungsmittel auf, so werden je nach Menge und Gestalt der Moleküle mehr oder weniger zähflüssige (=viscose) Lösungen erhalten. Handelt es sich um eine hochmolekulare Substanz, die aus langgestreckten Molekülen besteht - wie z.B. Zellulose - , so ist auch beim Lösen gleicher Gewichtsmengen eine besondere Beeinflussung der Viskosität je nach der Länge der Moleküle gegeben. Bei freier Beweglichkeit in der Lösung ergeben längere Moleküle eine stärkere gegenseitige Behinderung als kürzere Moleküle und haben somit Lösungen höherer Viskosität. Umgekehrt kann man daher unter Beziehen auf eine bestimmte Lösungskonzentration aus dem Viskositätswert einer Lösung auf die Länge der Moleküle der gelösten Substanz schließen. Löst man gleiche Gewichtsmengen verschiedener Proben in Kupferoxyd-Ammoniak (Kuoxam) auf, so zeigen die Lösungen der chemisch geschädigten Proben niedrigere Viskosität, d.h. derartige Lösungen sind dünnflüssiger und sie laufen somit schneller durch eine Meßkapillare. Die Besonderheit von DP-Bestimmungen besteht darin, daß hier für die Viskositätsmessung Lösungen mit niedriger Zellulose-Konzentration verwendet werden. Die Berechnung des DP-Wertes erfolgt aus der spezifischen Viskosität[1] der Lösungen. Solche DP-Bestimmungen gehen auf die grundlegenden Arbeiten von H.STAUDINGER (1) zurück. Um ein Bild von der Bedeutung einzelner DP-Zahlen zu gewinnen, muß man sich folgendes vorstellen: Wird ein Zellulosemolekül gespalten, so entstehen z.B. aus 1 Molekül vom Polymerisationsgrad 2000 2 Moleküle des Polymerisationsgrades 1000. Es genügt also, die Kette der 2000 Glucosereste an einer einzigen Stelle zu sprengen, um den Polymerisationsgrad auf die Hälfte absinken zu lassen. Hierbei ist zu beachten, daß höhere DP-Zahlen rascher absinken. Dies liegt nicht nur daran, daß die Halbierung kleinerer Zahlen kleinere Differenzen ergeben muß, sondern hängt auch mit der im Verlauf des Abbaues wachsenden <u>Zahl</u> der Moleküle zusammen. In einer bestimmten Faserprobe mit dem DP 1000 sind doppelt soviel Zellulose-Moleküle anzunehmen, wie in einer Faserprobe gleicher Gewichtsmenge vom DP 2000. Die gleiche Zahl von Kettenaufspaltungen läßt daher den DP-Wert 1000 zahlenmäßig bedeutend weniger absinken wie bei einem Ausgehen von 2000. Für Untersuchungen an Leinenfasern haben <u>Viskositätsmessungen</u> bisher nicht allgemein Anwendung gefunden. Dies hat verschiedene Ursachen:

1. Der hohe Anteil an Nicht-Zellulose-Begleitstoffen (bis 30%) ist schwer und unvollständig in Kuoxam löslich, sodaß ungelöste Teilchen leicht zur Verstopfung der Meßkapillare führen. Dies gilt vor allem, wenn das Viskosimeter selbst als Lösegefäß verwendet wird, weshalb das vom Shirley-Institut, Manchester, für Viskositätsmessungen empfohlene Auslaufviskosimeter nicht in allen Fällen geeignet ist.

---

[1] Spezifische Viskosität ($= \eta$ spez.) = die durch das Auflösen der Probe bedingte Viskositätsänderung des Lösungsmittels, bezogen auf die Viskosität des Lösungsmittels

2. Die durch den Aufbau der Flachsfaser bedingte schwere Löslichkeit des Leinens kann zu Fehlmessungen Anlaß geben, wenn Luftsauerstoff auf die gequollene aber noch nicht gelöste - und in diesem Zustand besonders sauerstoffempfindliche Zellulose! - zur Einwirkung kommt. Ein Abbau während der Untersuchung muß vermieden werden.

3. Eine allgemein gültige Beziehung zwischen Faserfestigkeit und Viskositätswert, wie sie für die Baumwolle gegeben ist, kann bei Leinen nicht vorhanden sein. Im Gegensatz zu Baumwolle besteht die technische Flachsfaser nicht aus einem einzelligen Gebilde, sondern aus mehreren Elementarzellen, die durch eine gegen Alkali empfindliche Zwischenschicht miteinander verbunden sind.

Da Alkali (ohne Sauerstoffeinwirkung) den DP-Wert der Zellulose nicht vermindert, wird bei Entfernen der oben erwähnten Zwischenschichten, d.h. Verbaumwollung des Faserbündels mit Alkali, die Festigkeit eines Garnes stark absinken, ohne daß eine wesentliche Änderung des DP-Wertes eintritt:

	DP	g Festigkeit
Roh	3180	1420
nach 1 Std. kochen mit 20 g/l Ätznatron	3550	1055

H. VOLLENBRUCK konnte nachweisen, daß bei Berücksichtigung der unter 1. und 2. angeführten Gründe auch für Leinen gut reproduzierbare Viskositätswerte zu erhalten sind (2). Das unter 3. Gesagte bleibt jedoch zu beachten. Viskositätswerte (DP-Werte) kennzeichnen nur einen oxydativen oder hydrolytischen (durch Säureeinwirkung erfolgten) Faserabbau. Die gleichzeitige Zerlegung der Faserbündel in kleinere Zellen mit der hieraus zu erwartenden Abnahme der Reißfestigkeit der Garne ist ein Vorgang für sich.

Da im Verlauf des Bleichens das Entfernen der Faserbegleitstoffe ein an Zellulose reicheres Untersuchungsmaterial gibt, kommen aus den einzelnen Stadien Proben unterschiedlichen Gehaltes an Zellulose zur Prüfung. Ein Vorbehandeln mit Alkali, welches die Begleitstoffe weitgehend entfernt, würde ermöglichen, Proben annähernd gleichen Zellulosegehaltes zu untersuchen.

Die gleiche Analysenmenge eines Rohgarnes gab z.B. für die nicht abgekochte Probe einen DP von 2860, während das abgekochte Muster 3390 lieferte. So erklärt sich auch die vorstehende höhere Zahl 3550 für die mit 20 g Ätznatron vorgekochten Fasern.

An nachstehendem Beispiel sei gezeigt, daß jedoch selbst ein 4stündiges Abkochen mit 2%iger Natronlauge, wie solche Vorbehandlung bei Bestimmung der "Leinenlöslichkeitszahl" zum Entfernen der Begleitstoffe vorgeschrieben ist, keine vollbefriedigende Konzentrationsreihe gibt. Vergleiche die Berechnung der DP-Werte nach einer Konzentrationsformel bei einer Reihe verschieden konzentrierter Lösungen in genanntem Aufsatz. Reihe b) zeigt ebenso wie Reihe a) bei niedriger Einwaage nicht den bei hohen Einwaagen erhaltenen gleich hohen Wert: 1/2 gebleichtes Leinengarn, (c = Zellulose-Konzentration der Lösung g/l, η spez.= spez. Viskosität der Lösung.)

a) unbehandelt			b) mit 2% NaOH abgekocht		
c	η spez.	DP	c	η spez.	DP
0,3	0,12	780	0,30	0,167	1065
0,63	0,35	910	0,70	0,49	1235
0,99	0,66	1120	1,01	0,74	1220
1,29	0,90	1110	1,30	1,0	1200
1,68	1,2	1070	1,7	1,48	1230

Die Unstimmigkeit bei Reihe b) weist daraufhin, daß auch das Abkochen mit Natronlauge keine völlig reine Zellulose gibt. Da ein Abkochen das Arbeiten unnötig aufhält, haben wir bei unseren DP-Bestimmungen davon Abstand genommen.

4) Laugenlöslichkeits-Zahlen

Mit zunehmendem Faserabbau, d.h. dem Aufspalten einzelner Moleküle, verliert der gesamte Faseraufbau an innerem Halt. Die niedrig-molekularen Anteile werden in einer die Fasern zum starken Aufquellen bringenden Natronlauge löslich. Eine Methode, die den Faserzustand nach der Menge der in 8%iger Natronlauge lösbaren Faseranteile beurteilen will, ist die Löslichkeitszahl-Bestimmung. Die Bestimmung der Löslichkeitszahlen geht auf Arbeiten von BIRTWELL, CLIBBENS und GEAKE (Shirley-Institute, Manchester) an Baumwolle zurück. (1926/28). C.R. NODDER erweiterte die Anwendbarkeit auf Leinen durch ein vorheriges Abkochen des Leingarnes mit 2%iger Natronlauge (J.Text.Inst. 1931, T.416) (vgl. E.KAYSER, Mell. Text. Ber. XIX (1938) 725).

In Abwandlung der Arbeitsvorschrift von NODDER, der 0,1 g Faser bei 15° C mit 8%iger Natronlauge behandelt[1], läßt die in den Kriegsjahren vom Reichsamt für Wirtschaftsausbau herausgegebene und seit dieser Zeit in Deutschland wohl meist übliche Arbeitsweise eine entsprechend größere Menge Lauge auf 0,5 g Faser bei 20° C einwirken, um weniger von Zufälligkeiten einer allzu kleinen Probe abhängig zu sein.

Für Löslichkeitszahl-Bestimmungen gilt in gleicher Weise wie für Viskositätsmessungen, daß nur die auf Einwirkung von Oxydationsmitteln einschließlich Luftsauerstoff (Luftsauerstoff vermag nämlich in alkalischen heißen Laugen verderblich zu wirken!) oder Säure beruhende Faserschädigung erfaßt wird. Wie weit die Zerteilung der Moleküle, also der Faserabbau, sich auf die Gebrauchstüchtigkeit eines Garnes oder gar eines Gewebes auswirken muß, ist zunächst noch nicht mit Bestimmtheit zu sagen. Fragen der Verspinnung, des Gewebeaufbaues usw. können von größerem Einfluß sein als geringe DP-Unterschiede. Ein zartes, dünn eingestelltes Wäschestück mit sehr guten DP-Werten für die Fasern mag nicht den Gebrauchsanforderungen so genügen, wie ein derberer Stoff selbst bei weniger günstigen Werten. Es bedarf noch mancher Erfahrungen auf dem Gebiet der Gebrauchsbeanspruchungen, um zu zahlenmäßigen Einschätzungen der Fasertüchtigkeit zu gelangen.

C) Untersuchungsergebnisse

1.) Röste und Faserabbau

Die chemische Wirkung, die Bakterien und Pilze bei der Röste auf das Leinen ausüben, beschränkt sich im wesentlichen auf die Zellulose-Begleitsubstanzen, die sogenannten Pektinstoffe, sodaß praktisch die Zellulose selbst nicht angegriffen wird. Bei unzweckmäßiger Röste (Überröste) kann jedoch ein gewisser Faserabbau eintreten, der bei der Polymerisationsgrad-Bestimmung zutage tritt. Dieser Polymerisationsgrad-Abfall ist verhältnismäßig gering und ist nicht zu den Festigkeitswerten die viel stärker abfallen können, in Beziehung zu setzen. Nachstehende Gegenüberstellung zeigt diese Verhältnisse an:

---

[1] Nach einer neueren englischen Vorschrift soll die Behandlung bei 17,5°C durchgeführt werden

Flachsstengel	DP
Grünflachs	3000
Gerösteter Flachs	3050
Überrösteter Flachs	2800

Rohgarn	DP	Festigkeit g	Abkochverlust %
Rohgarn	3180	1420	21,8
1 x nachgeröstet	2720	1200	22,5
2 x nachgeröstet	2700	993	22,5

Aus der Gegenüberstellung geht hervor, daß die mechanische Aufbereitung des Röstflachses und die Verspinnung zum Rohgarn keinerlei chemische Schädigung bewirkt. Im DP-Wert (ca.3000) ist kein Unterschied festzustellen, während der mechanische Angriff (s.mikroskopische Abb.5 Seite 11) durch Bildung von Querrissen bereits sichtbar wird. Das nur geringfügige Absinken des DP-Wertes beim überrösteten Garn wird etwas deutlicher, wenn die Garne vor der Untersuchung mit Natronlauge abgekocht werden (3 Std. im Flottenverhältnis 1 : 50 mit 2 g/l NaOH), wie folgende Gegenüberstellung zeigt:

Abgekochtes Rohgarn

	DP	Festigkeit g	Festigkeitsverl.[1] %
Rohgarn	3500	1125	20
1x nachgeröstet	3150	884	26
2x nachgeröstet	2720	720	28

Durch das Herauslösen von Pektinstoffen mit Natronlauge werden die Festigkeitswerte erniedrigt, da der Zusammenhalt der Einzelfasern geringer wird. Die DP-Werte werden durch die Abkochung höher (vgl.Seite 15) Letztere weisen aber etwas größere Unterschiede untereinander auf als ohne alkalische Behandlung. Daß die Unterschiede im DP größer werden, wenn eine alkalische Kochung voraufgeht, läßt darauf schließen, daß

---

[1] Der Festigkeitsverlust bezieht sich auf die jeweiligen Werte ohne Alkaliabkochung, vgl. oben

Abbauprodukte von etwas geringerem Polymerisationsgrad entstehen, die in 0,2%iger Natronlauge nicht löslich sind. Es muß jedoch offen gelassen werden, ob dies in Kuoxam lösliche Substanzen der Einzelfaser oder der Mittellamelle sind.

2) Leinengarn-Bleiche und Faserabbau

DP-Werte und Löslichkeitszahlen für Garne verschiedener Bleichstufen aus mehreren Garnbleichen zeigen die Möglichkeiten, den Bleichverlauf zu verfolgen. Die Ergebnisse beider Methoden sollten einander entsprechen, d.h. zu hohen DP-Werten gehören niedrige Löslichkeitszahlen und mit sinkenden DP-Werten müssen die Leinenlöslichkeitszahlen steigen.

Die Garne entstammten zwei Bleichserien der Betriebe A und B, von denen die Reihe A mit roh, 1/2, 3/4 und 4/4 weiß, die Reihe B mit den einzelnen Behandlungsstufen bezeichnet waren.

Reihe A

Es kamen zwei Rohgarnproben eines Flachsgarnes Ne 40, 4 halbgebleichte Proben verschiedener Bleichposten und je eine 3/4 und 4/4 gebleichte Probe der gleichen Spinnpartie zur Prüfung. In Abbildung 6 sind die DP-Werte, die Löslichkeitszahlen und die Festigkeiten gegenübergestellt. Während die DP-Werte mit den zunehmenden Bleichgraden stufenweise von 2700 auf 1600 abfallen, zeigen die Löslichkeitszahlen einen unsystematischen Anstieg von 3,7 auf 4,8 , die Festigkeitswerte, jeweils als Mittel von 40 Einzelmessungen, ergeben keine deutlichen Unterschiede, was durch Schwankungen innerhalb der Spinnpartie bedingt sein mag.

R e i h e   A

Garnprobe	DP-Werte		Löslichkeits-zahlen		Mittlere Festigkeit g	
Rohgarn Ne 40	2700	2720	3,0	4,4	836	814
1/2 gebl. Ne 40	2300	2400	4,1	3,8	769	806
	2200	2300	4,9	3,3	803	724
3/4 gebl. Ne 40	2010		3,7		803	
4/4 gebl. Ne 40	1610		4,8		814	

Forschungsberichte des Wirtschafts- und Verkehrsministeriums Nordrhein-Westfalen

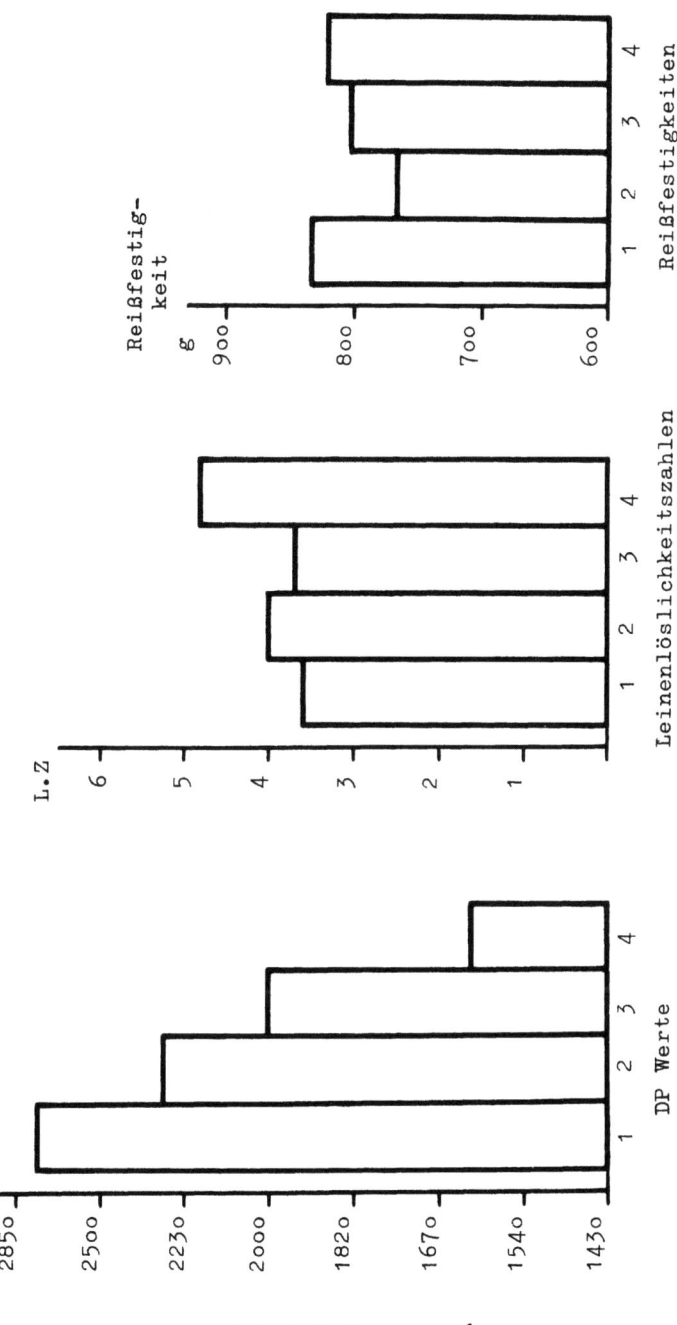

Abbildung 6

Der bessere Beweiswert der DP-Zahlen gegenüber den Löslichkeitszahlen ist noch sichtlicher, wenn man die Streuungen der 4 Proben der halbgebleichten Garne betrachtet. Während bei den Löslichkeitszahlen die Streuung (3,3 bis 4,9) so groß ist, wie die Differenz roh bis 4/4 gebleicht (3,7 bis 4,8), sind die Differenzen zwischen den einzelnen DP-Werten der halbgebleichten Proben (2200-2400) gering im Vergleich zum Gesamt-DP-Abfall roh bis 4/4 gebleicht (2700-1600). Die Stufen der Bleiche treten daher bei dieser Messung deutlicher hervor.

<u>R e i h e B</u>

Zur Untersuchung standen 5 Leinengarne:

      1. Flachsgarn Ne 35
      2. Flachsgarn Ne 30
      3. Flachsgarn Ne 25
      4. Werggarn Ne 16
      5. Werggarn Ne 12

Die Garne 1, 2, 4 und 5 waren nach gleicher Vorschrift auf 3/4 weiß, Garn 3 auf 4/4 weiß gebleicht.

Die einzelnen Behandlungsstufen:

      a) Roh
      b) nach Rohkochung
      c) nach Chlorierung
      d) nach Brühung
      e) nach alkalischer Chlorbehandlung
      f) nach Chloritbleiche

Probe 3 erhielt vor der Chloritbleiche noch eine Peroxydbleiche für ein 4/4 Weiß; f) bezeichnet hier das Garn nach der Peroxydbleiche und g) nach der Chloritbleiche.

Von allen Proben wurden die Festigkeitswerte, DP-Werte und Leinenlöslichkeitszahlen und im Zusammenhang mit den Löslichkeitszahlen noch der Abkochverlust bestimmt. Das ist der Gewichtsverlust, den das Garn beim Abkochen mit 2%iger Natronlauge erleidet. In einzelnen Fällen sind weiter die DP-Zahlen des in dieser Weise abgekochten Materials ermittelt. Außerdem wurden Viskositätsmessungen an den 8%igen Laugen durchgeführt.

Forschungsberichte des Wirtschafts- und Verkehrsministeriums Nordrhein-Westfalen

Die Ergebnisse dieser Bestimmungen sind in den Tabellen 1 und 2 zusammengestellt. Die Änderungen der Werte bei den einzelnen Bestimmungsmethoden im Verlauf der gesamten Bleiche geben die Abbildungen 7, 9, 11, 14 und 15 graphisch wieder.

Tabelle 1a

Flachsgarne

Bezeichnung	1 Festig- keit g	2 Abkoch- verlust %	3 Löslich- keits- zahl	4 DP	5 DP A	6 η spez. (NaOH)
Flachsgarn Ne 35						
a) roh	945	22,8	3,0	2850	2170	
b) nach Rohkochung	770	16,8	3,55	2660		
c) nach Chlorierung	730	16,8	4,1	1920	1660	
d) nach Brühung	740	17,1	2,75	1970		
e) nach alkal. Chlor	720	16,8	5,0	1485		
f) nach Chlorit	605	13,0	5,7	1480	1290	0,12
Flachsgarn Ne 30						
a) roh	1085	25,0	3,0	2680		0,03
b) nach Rohkochung	1040	18,5	2,8	2460		0,04
c) nach Chlorierung	751	17,0	4,3	2160		0,06
d) nach Brühung	800	18,0	3,1	2100		0,07
e) nach alkal. Chlor	833	17,0	6,0	1580		0,12
f) nach Chlorit	785	13,0	6,75	1530		0,11

Tabelle 1b

Bezeichnung	1 Festig- keit g	2 Abkoch- verlust %	3 Löslich- keits- zahl	4 4	5 DP	6 η spez. (NaOH)
Flachsgarn Ne 25						
a) roh	1155	24,1	2,7	2760	2840	0,04
b) nach Rohkochung	1145	16,2	3,1	2720		0,04
c) nach Chlorierung	1140	18,6	3,9	1685		0,07
d) nach Brühung	1060	17,8	4,6	1600		0,085
e) nach alkal.Chlor	1005	17,1	5,5	1470		0,095
f) nach Peroxyd	1040	17,2	9,1	1060		0,21
g) nach Chlorid	1048	13,7	6,8	1450		0,11

Tabelle 2

Werggarne

Bezeichnung	1 Festig- keit g	2 Abkoch- verlust	3 Löslich- keits- zahl	4 DP	5 DP A	6 η spez. (NaOH)
Werggarn Ne 16						
a) roh	1140	23,5	1,7	2420	2370	0,5
b) nach Rohkochung	1096	17,8	2,65	2420		0,045
c) nach Chlorierung	990	21,5	3,5	1490	1620	0,08
d) nach Brühung	930	16,1	2,85	2060		0,055
e) nach alkal.Chlor	1055	17,0	5,4	1350		0,125
f) nach Chlorit	1050	13,8	4,85	1380	1150	0,125
Werggarn Ne 12						
a) roh	1790	25,8	2,8	2560	3570	
b) nach Rohkochung	1660	18,2	2,65	2540		
c) nach Chlorierung	1645	20,0	2,95	1900	2040	
d) nach Brühung	1595	20,0	3,05	2000		0,07
e) nach alkal. Chlor	1195	20,0	7,85	1165		0,161
f) nach Chlorit	1415	15,6	9,9	1000	1245	0,195

a) Festigkeitswerte

Die in der ersten Spalte der Tabellen und in Abbildung 7 gebrachten Zahlen stellen Mittelwerte von 40 Messungen dar. Die Prüfungen wurden mit dem in Abbildung 8 dargestellten Festigkeitsprüfer nach der genormten Vorschrift durchgeführt. Die Streuungen der Werte waren vor allem bei einzelnen Werggarnproben sehr unterschiedlich. Als Beispiel seien 2 Werte der relativen prozentualen Streuung von Probe 4 (Werggarn Ne 16) angeführt:

    4 a (roh)   = 28,1 %
    4 f (nach Chloritbleiche) = 21,5 %

Für die Flachsgarne gaben sich nach dem Bleichen folgende Festigkeitsverluste:

    Probe 1 (Flachsgarn Ne 35) 37,0 %
    Probe 2 (Flachsgarn Ne 30) 31,5 %
    Probe 3 (Flachsgarn Ne 25) 13,0 %

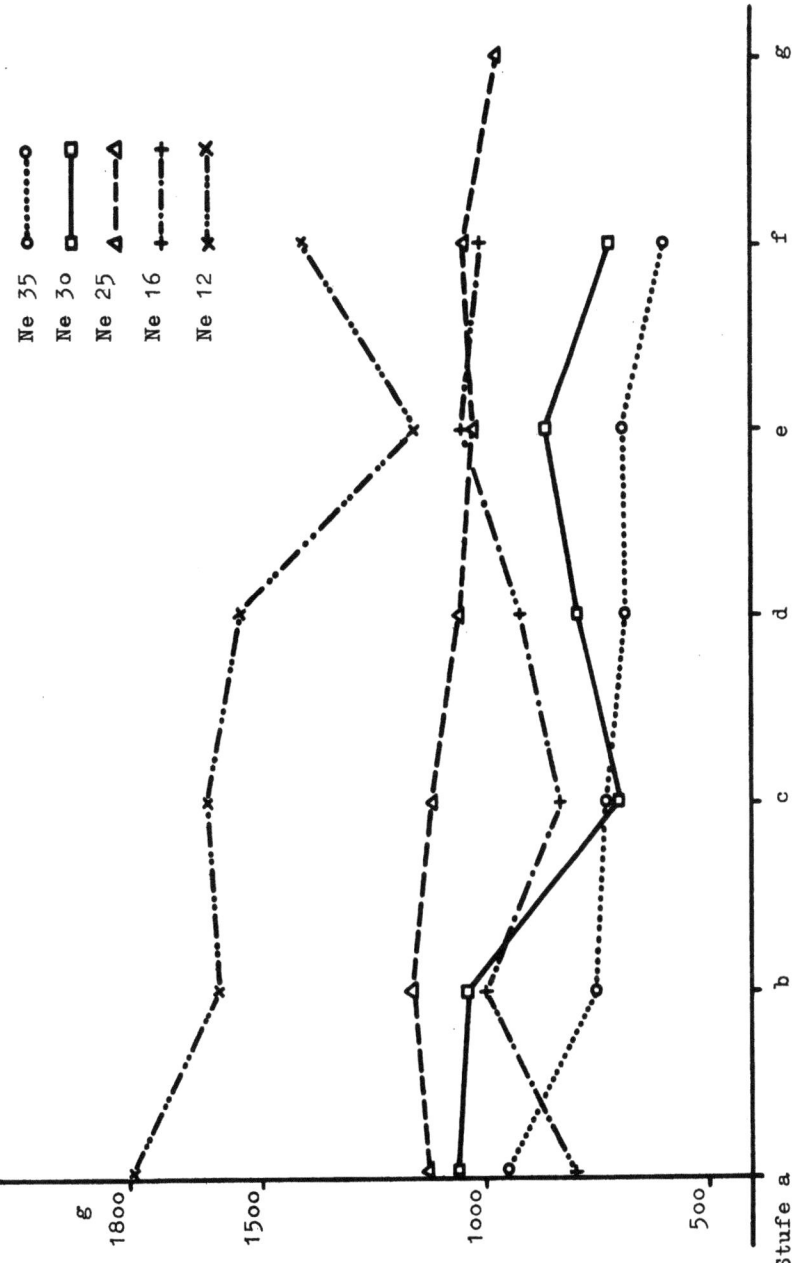

Abbildung 7: Festigkeitswerte

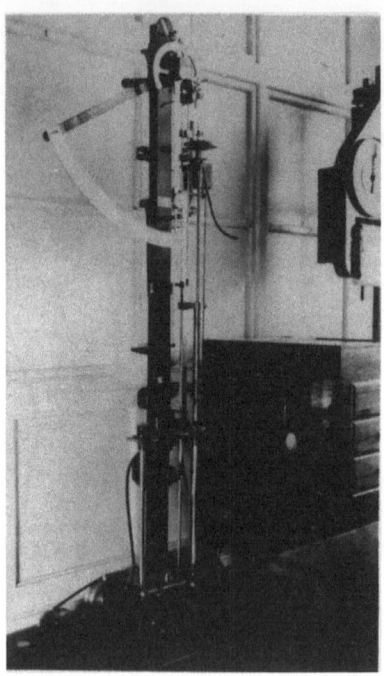

Abbildung 8: Garnfestigkeitsprüfer

b) DP-Werte

Die DP-Zahlen stehen in den Tabellen in Spalte 4. Abbildung 9 zeigt den Verlauf der Werte von den einzelnen Bleichstufen. Die Bestimmungen wurden in der in Abbildung 10 wiedergegebenen Apparatur ausgeführt.

In der Abbildung 9 sind die DP-Zahlen reziprok maßstäblich auf der Ordinate angegeben. Dies ermöglicht, an beliebigen Stellen abgegriffene Ordinatenabschnitte hinsichtlich des Faserabbaues miteinander zu vergleichen.

Die DP-Zahlen der Rohgarne lagen einheitlich bei 2500 bis 2800, die Werggarne zeigten nur wenig niedrigere Werte als die Flachsgarne. Der Verlauf des Abbaues der Garne weist ein recht einheitliches Bild auf.

Forschungsberichte des Wirtschafts- und Verkehrsministeriums Nordrhein-Westfalen

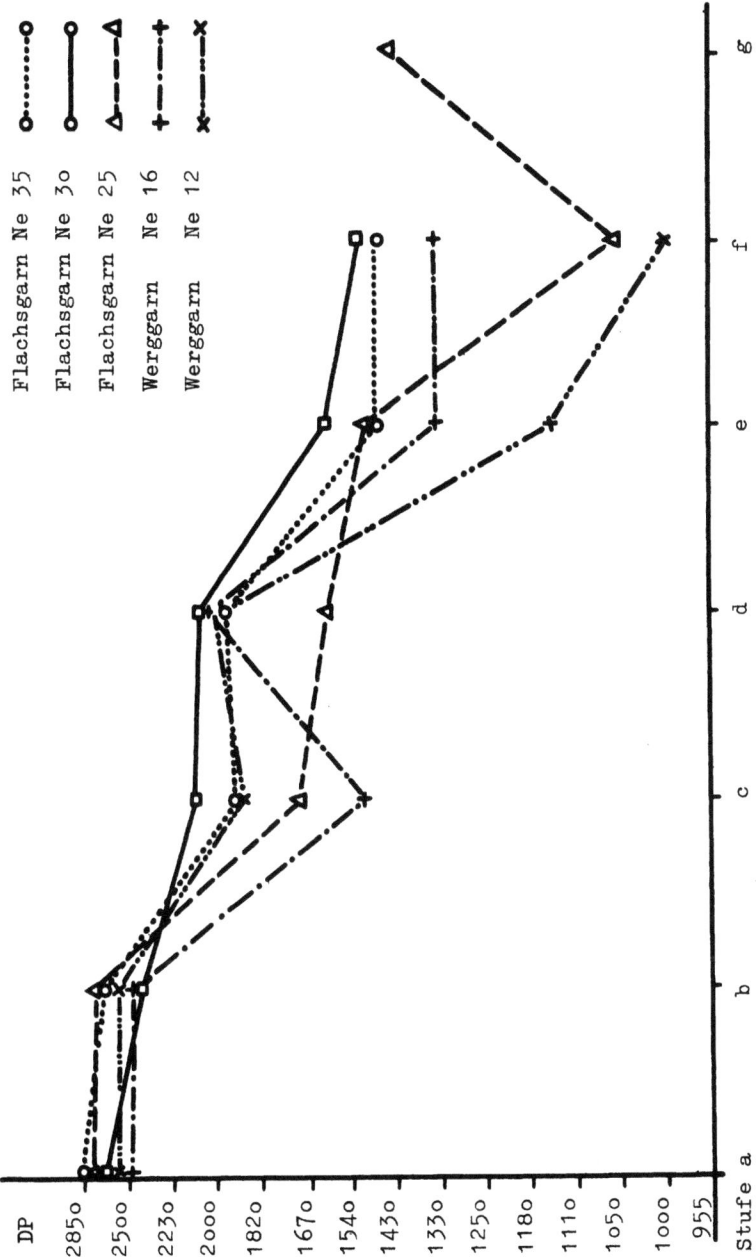

Abbildung 9: DP-Werte

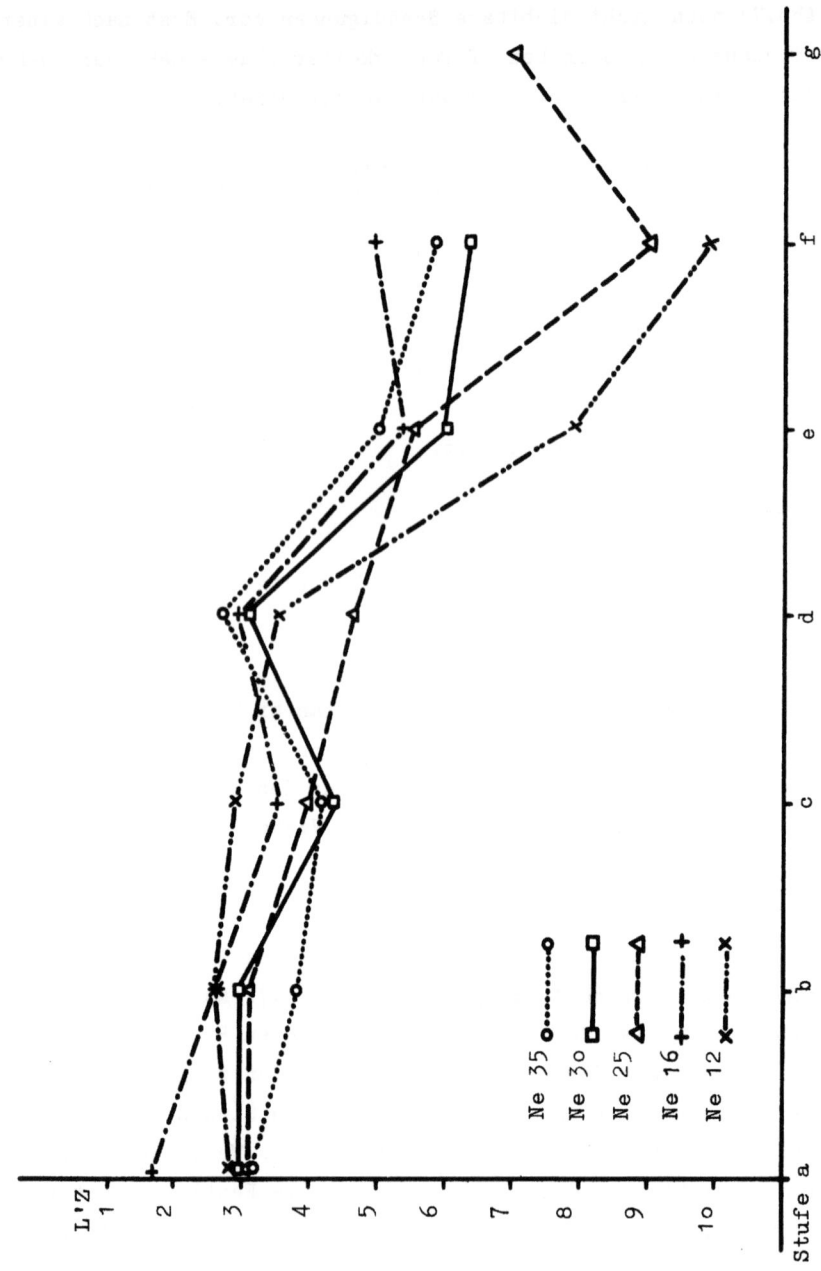

Abbildung 11: Leinenlöslichkeitszahl

Abweichend davon weisen die Proben 1, 2 und 3 nach der Chloridbleiche eine Erhöhung der Löslichkeitszahlen bei gleichbleibenden DP-Werten auf. Eine latente Schädigung wird auch hier (Alkalibehandlung) erfaßt (Probe 3f).

A b b i l d u n g 12
Leinenlöslichkeitszahlen (Alkalibehandlung)

d) Abkochverluste

Diese sich auf die mengenmäßige Ermittlung der in 2%iger Natronlauge löslichen Fasersubstanz beziehende Bestimmungsmethode kann in einfacher Weise neben der Löslichkeitszahl-Bestimmung durchgeführt werden. Das Garn wird vor und nach der Abkochung klimatisiert und gewogen. Die Gewichtsdifferenz ergibt den vorwiegend durch die Nicht-Zellulose-Begleitstoffe der Faser bedingten Abkochverlust.

Abbildung 13 zeigt das Abkochen der Garnprobe mit 2%iger Natronlauge als vorbereitende Arbeit für die "Löslichkeitszahlbestimmung". Mit der Annahme, die Begleitstoffe verkleben die Einzelfaser und tragen dadurch zur Festigkeit bei, ist wissenswert, welche Behandlungsstufen diese Substanzen aus der Faser entfernen. Abbildung 14 stellt die Ergebnisse graphisch dar. Spalte 2 der Tabellen gibt die Einzelwerte wieder.

Abbildung 13
Leinenlöslichkeitszahl (Abkochung)

Nur in der Stufe a bis b (Rohkochung) und nach der letzten Behandlung (Chloritbleiche) fällt eine deutliche Verminderung dieser Substanzen auf. Das Garn durchläuft die übrigen Phasen der Bleiche ohne eine nennenswerte Verringerung an Begleitstoffen. Möglicherweise tritt bei der Chloritbleiche durch das heiße Säuern eine Härtung von Zellulose-Begleitstoffen ein und der niedrigere Abkochverlust deutet auf ein Unlöslichwerden eiweißartiger Körper. Es bleibt weiteren Untersuchungen vorbehalten, diese Frage zu klären, die im Hinblick auf die Alkaliempfindlichkeit der Leinenfaser Bedeutung hat.

Daß aus den Abkochverlustzahlen in Kenntnis der Ausgangs-Werte ein gewisser Rückschluß auf die Schärfe der dazwischen liegenden Alkalibehandlungen zu ziehen ist, mögen folgende Untersuchungen belegen:

Die klimatisierten Garne 2b, 2d und 2f wurden je 1 Std. am Rückflußkühler (Flottenverhältnis 1 : 100) mit folgenden Lösungen gekocht und die Gewichtsverluste (a) bestimmt.

1. 2 g/l Natronlauge
2. 10 g/l Soda
3. 3 g/l Soda

Die weiter-behandelten Proben ergaben die in der Tabelle 3 aufgeführten Abkochverlustzahlen (b). Die Summe beider Verlustzahlen (c) entspricht wiederum in etwa dem für das Ausgangsmaterial gefundenen Abkochverlust.

Tabelle 3

Probe		% Gewichtsverlust (a)	% Abkochverlust (20g/1 NaOH) (b)	Summe der Verluste (c)
2b (n. Rohkochung)		-	18,5	-
2b (n. Rohkochung)	1.(2 g/l NaOH)	8,5	8,0	16,5
2b (n. Rohkochung)	2.(10 g/l Na_2CO_3)	6,5	10,5	17,0
2b (n. Rohkochung)	3.(3 g/l Na_2CO_3)	4,5	14,0	18,5
2d (n. Brühung)		-	18,0	-
2d (n. Brühung)	1.(2 g/l NaOH)	9,5	8,5	18,0
2d (n. Brühung)	2.(10 g/l Na_2CO_3)	7,5	11,0	18,5
2d (n. Brühung)	3.(3 g/l Na_2CO_3)	2,5	16,5	19,0
2f (n. Chlorit)			13,0	-
2f (n. Chlorit)	1.(2 g/l NaOH)	6,5	7,8	14,3
2f (n. Chlorit)	2.(10 g/l Na_2OH_3)	4,5	8,5	13,0
2f (n. Chlorit)	3.(3 g/l Na_2CO_3)	2,0	12,5	14,5

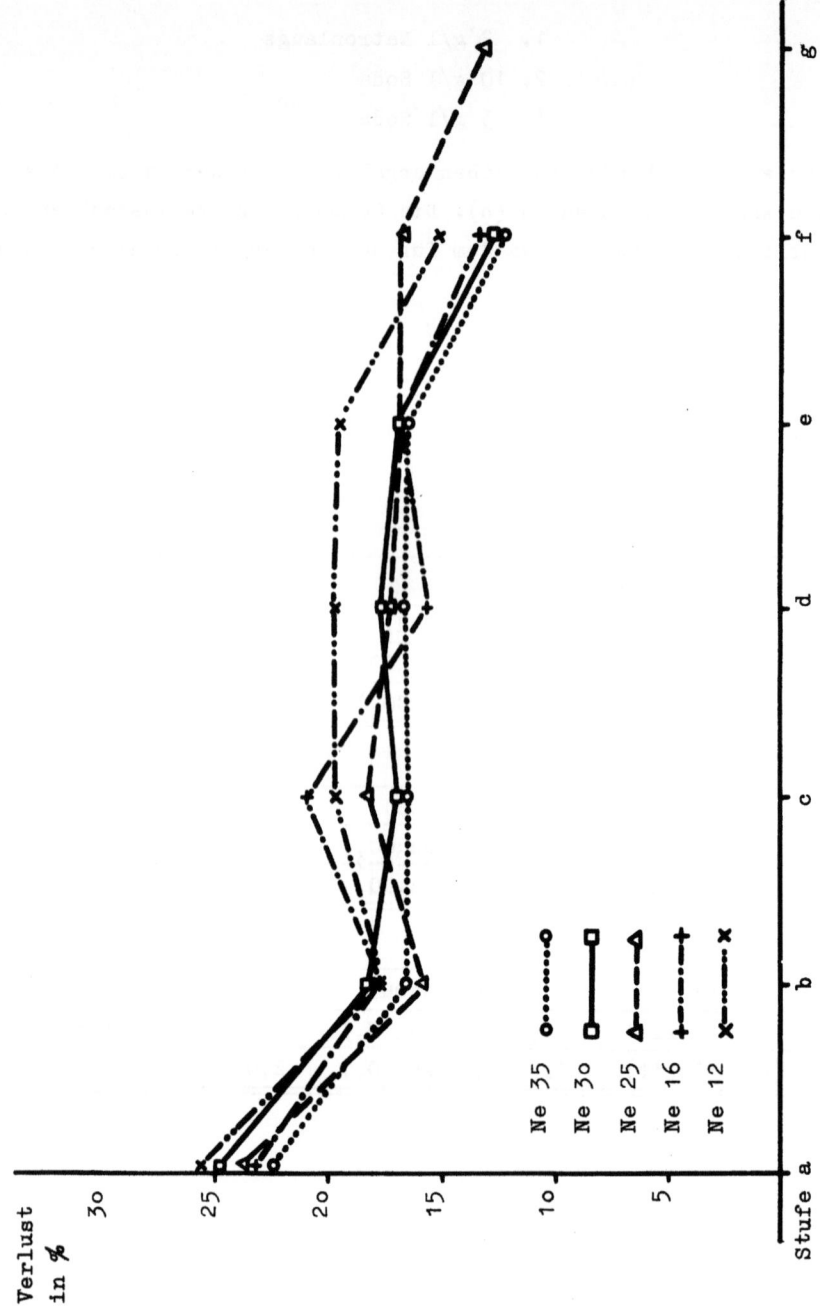

Abbildung 14: Abkochverluste

e) DP-Bestimmungen an abgekochten Garnen

Beim Abkochen nach Vorschrift für die Löslichkeitszahl mit 20 g/l NaOH (Flottenverhältnis 1:20) läßt es sich nicht vermeiden, daß Garnteile aus der Flüssigkeit herausragen, was einen mehr oder weniger großen Abbau durch Luftsauerstoff möglich macht.

Für die Bestimmung der Löslichkeitszahl abgekochte Proben gaben DP-Werte, die teils höher, teils niedriger als die Zahlen für die nicht abgekochten Garne lagen (Spalte 5 und 4 der Tabellen 1 und 2). (DP_A = DP der abgekochten Probe).

Nach Abkochen bei höherem Flottenverhältnis (1:40) ergibt sich ein besserer DP-Wert - (und auch eine bessere Löslichkeitszahl) - , wie die nachstehenden Zahlen zeigen:

Abkochung	Probe: 1a DP	Leinenlöslichkeitszahl
Flottenverhältnis 1:20	2170	3,0
Flottenverhältnis 1:40	3390	2,67
ohne Abkochung	2860	

Längere Flotten für die Abkochung sollten richtigere Löslichkeitszahl-Ergebnisse finden lassen, weil nun weniger die Unsicherheit eines Faserabbaues durch Luftsauerstoff, dem etwaige aus der Flotte ragende Fasern ausgesetzt sind, besteht.

f) Viskositätsmessung der Natronlauge-Zelluloselösung η spez. (NaOH)

Die bei Bestimmung der Löslichkeitszahl verwendete 8%ige Natronlauge kann auch durch Viskositätsmessungen ihre Auswertung finden. Derartige Bestimmungen sind rascher und einfacher durchführbar als die eine Stunde dauernde Bichromatoxydation der gelösten Zellulose mit anschließender Titration.

Ein Vergleichen der Abbildung 9 (DP-Werte) und 11 (Löslichkeitszahlen) mit Abbildung 15 beweist den weitgehenden Gleichlauf der Werte. Entgegen den Erwartungen zeigt sich eine größere Parallelität zu den DP-Werten als zu den Löslichkeitszahlen, so z.B. beim Betrachten der Werte von a) und d) sowie der Chloritbleichstufe.

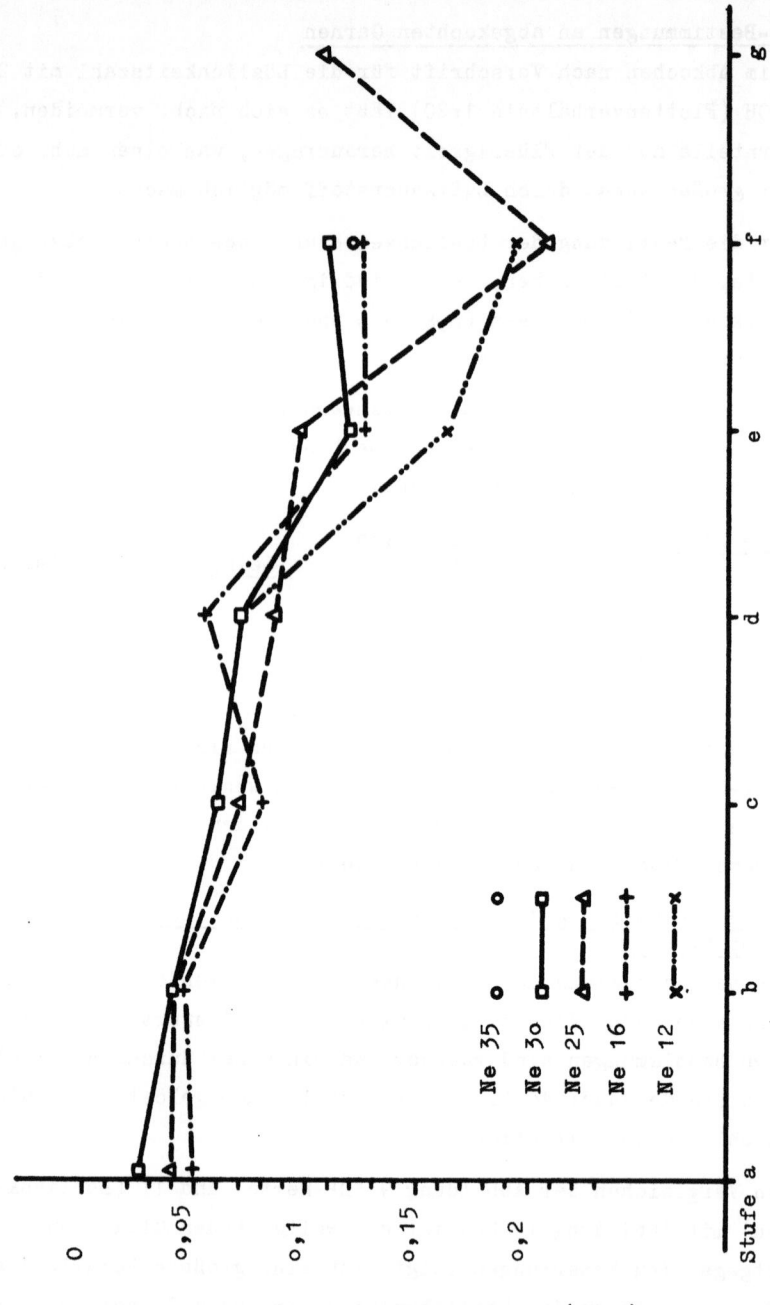

Abbildung 15: η spez. (NaOH)

Man darf aus diesem Ergebnis folgern, daß eine weitere Fehlermöglichkeit der Löslichkeitszahl-Methode in der Bichromat-Oxydation (Filtration durch ungenügend enge Filter) begründet liegt.

3) Gegenüberstellung von DP- und Löslichkeitszahl-Bestimmung

Insgesamt betrachtet bieten DP- und Löslichkeitszahl-Bestimmungen gleich gute Anhaltspunkte, handelt es sich lediglich um die Feststellung, ob eine übermäßig chemisch geschädigte Faser vorliegt.

Legt man als äußerste Grenze für eine gebleichte Ware die Löslichkeitszahl 7,0 fest, - wie dies in der ausländischen Literatur häufig geschieht - so wäre der DP-Wert für Leinengarn bei 1300 bis 1400 nach unten begrenzt. Soweit eine Betriebskontrolle der einzelnen Bleichstufen in Betracht gezogen werden soll, spricht die Bestimmung der Löslichkeitszahl zu wenig an. Die DP-Bestimmung erfüllt demgegenüber die Forderung ausreichender Empfindlichkeit. Dies zeigt die Gegenüberstellung der Löslichkeitszahlen und der DP-Werte der Bleichserien A und B. Gibt für Bleichkontrollen die DP-Zahl ein etwas besseres Bild als die Löslichkeitszahl, so ist erstere Bestimmung auch hinsichtlich der Leistungsfähigkeit und des apparativen Aufwandes vorzuziehen.

Während die Löslichkeitszahl erst 48 Stunden nach Anfall der Probe vorliegt, benötigt eine DP-Bestimmung nur 12 Stunden.

Zusammenfassung

Es werden die Begriffe des Faserabbaues und die Besonderheiten von Viskositätsmessungen und Löslichkeitszahlbestimmungen bei Leinenfasern erörtert. Der Einfluß mechanischer und chemischer Einwirkungen bei Röste, Garnherstellung und Bleiche wird erläutert.

Ergebnisse von DP- und Löslichkeitszahl-Bestimmungen an Leinengarnen verschiedener Bleichstufen sind gegenübergestellt. Die DP-Bestimmungen zeigen bessere Auswertbarkeit, sofern es sich um geringere Differenzen, z.B. zwischen den einzelnen Bleichstufen, handelt. Dies gilt vor allem bis zur Halbbleiche. Größere Schädigungen sind nach beiden Methoden erfaßbar.

Im Verlauf der Bleiche ist ein DP-Abfall nach dem Beispiel der Reihe B in den Chlor-Bleichstufen zu erwarten, während durch die alkalischen Zwischenbehandlungen sowie durch die Chlorit-Bleiche kein Sinken des DP-Wertes erfolgen muß.

Vergleichsweise entspricht beim Leinengarn eine Löslichkeitszahl von 7,0 einem DP-Wert von 1300 bis 1400. Ergänzende Untersuchungen an den abgekochten Garnen und mit den Laugenlösungen weisen auf Unsicherheiten der Löslichkeitszahl-Bestimmungsmethode hin.

Der Vergleich beider Methoden spricht für die arbeitsmäßigen Vorteile der DP-Bestimmung. Die DP-Bestimmung erfaßt ebenso wie die Löslichkeitszahl nur die chemische Schädigung der Zellulose. Einwirkungen auf die Zellulose-Begleitstoffe - hier vor allem auf die verklebenden Zwischenschichten der Elementarfasern - werden nicht erfaßt. Da letztere die Festigkeit der Leinentextilien maßgeblich beeinflussen, ist <u>keine unmittelbare Beziehung</u> zwischen <u>Festigkeit</u> und <u>DP</u> bei <u>Leinen</u> gegeben, wenn auch der Zellulose-Abbau eine Festigkeitsminderung stets nach sich zieht.

Dr.-Ing. O. V I E R T E L
Dipl.-Ing. H. V O L L E N B R U C K

Wäschereiforschung Krefeld

Literaturverzeichnis

1) H. STAUDINGER

    Organische Kolloidchemie, Verlag Fr. Vierweg u. Sohn, Braunschweig (1950)

2) H. VOLLENBRUCK

    DP-Bestimmung von Zellulosefasern, Mell. Text. Ber. XXXIII, 153

3) R. NODDER

    J. Text. Inst. 1931, T. 416

4) E. KAYSER

    Mell. Text. Ber. XIX, 725

Heft 14:
Forschungsstelle für Acetylen, Dortmund,
Untersuchungen über Aceton als Lösungsmittel für Acetylen

Heft 15:
Wäschereiforschung Krefeld,
Trocknen von Wäschestoffen

Heft 16:
Max-Planck-Institut für Kohlenforschung, Mülheim a. d. Ruhr,
Arbeiten des MPI für Kohlenforschung

Heft 17:
Ingenieurbüro Herbert Stein, M. Gladbach,
Untersuchung der Verzugsvorgänge in den Streckwerken verschiedener Spinnereimaschinen. 1. Bericht: Vergleichende Prüfung mit verschiedenen Dickenmeßgeräten

Heft 18:
Wäschereiforschung Krefeld,
Grundlagen zur Erfassung der chemischen Schädigung beim Waschen

Heft 19:
Techn.-Wissenschaftl. Büro für die Bastfaserindustrie, Bielefeld,
Die Auswirkung des Schlichtens von Leinengarnketten auf den Verarbeitungswirkungsgrad, sowie die Festigkeits- und Dehnungsverhältnisse der Garne und Gewebe

Heft 20:
Techn.-Wissenschaftl. Büro für die Bastfaserindustrie, Bielefeld,
Trocknung von Leinengarnen I
Vorgang und Einwirkung auf die Garnqualität

Heft 21:
Techn.-Wissenschaftl. Büro für die Bastfaserindustrie, Bielefeld,
Trocknung von Leinengarnen II
Spulenanordnung und Luftführung beim Trocknen von Kreuzspulen

Heft 22:
Techn.-Wissenschaftl. Büro für die Bastfaserindustrie, Bielefeld,
Die Reparaturanfälligkeit von Webstühlen

Heft 23:
Institut für Starkstromtechnik, Aachen,
Rechnerische und experimentelle Untersuchungen zur Kenntnis der Metadyne als Umformer von konstanter Spannung auf konstanten Strom

Heft 24:
Institut für Starkstromtechnik, Aachen,
Vergleich verschiedener Generator-Metadyne-Schaltungen in bezug auf statisches Verhalten

Heft 25:
Gesellschaft für Kohlentechnik mbH., Dortmund-Eving,
Struktur der Steinkohlen und Steinkohlen-Kokse

Heft 26:
Techn.-Wissenschaftl. Büro für die Bastfaserindustrie, Bielefeld,
Vergleichende Untersuchungen zweier neuzeitlicher Ungleichmäßigkeitsprüfer für Bänder und Garne hinsichtlich ihrer Eignung für die Bastfaserspinnerei

Heft 27:
Prof. Dr. E. Schratz, Münster,
Untersuchungen zur Rentabilität des Arzneipflanzenanbaues
Römische Kamille, Anthemis nobilis L.

Heft: 28:
Prof. Dr. E. Schratz, Münster,
Calendula officinalis L.
Studien zur Ernährung, Blütenfüllung und Rentabilität der Drogengewinnung

Heft 29:
Techn.-Wissenschaftl. Büro für die Bastfaserindustrie, Bielefeld,
Die Ausnützung der Leinengarne in Geweben

Heft 30:
Gesellschaft für Kohlentechnik mbH., Dortmund-Eving,
Kombinierte Entaschung und Verschwelung von Steinkohle; Aufarbeitung von Steinkohlenschlämmen zu verkokbarer oder verschwelbarer Kohle

Heft 31:
Dipl.-Ing. Störmann, Essen,
Messung des Leistungsbedarfs von Doppelsteg-Kettenförderern

Heft 32:
Techn.-Wissenschaftl. Büro für die Bastfaserindustrie, Bielefeld,
Der Einfluß der Natriumchloridbleiche auf Qualität und Verwebbarkeit von Leinengarnen und die Eigenschaften der Leinengewebe unter besonderer Berücksichtigung des Einsatzes von Schützen- und Spulenwechselautomaten in der Leinenweberei

Heft 33:
Kohlenstoffbiologische Forschungsstation e. V.,
Eine Methode zur Bestimmung von Schwefeldioxyd und Schwefelwasserstoff in Rauchgasen und in der Atmosphäre

Heft 34:
Textilforschungsanstalt Krefeld,
Quellungs- und Entquellungsvorgänge bei Faserstoffen

Heft 35:
Professor Dr. Wilhelm Kast, Krefeld,
Feinstrukturuntersuchungen an künstlichen Zellulosefasern verschiedener Herstellungsverfahren

Heft 36:
Forschungsinstitut der feuerfesten Industrie, Bonn,
Untersuchungen über die Trocknung von Rohton. Untersuchungen über die chemische Reinigung von Silika- und Schamotte-Rohstoffen mit chlorhaltigen Gasen

Heft 37:
Forschungsinstitut der feuerfesten Industrie, Bonn,
Untersuchungen über den Einfluß der Probenvorbereitung auf die Kaltdruckfestigkeit feuerfester Steine

Heft 38:
Forschungsstelle für Acetylen, Dortmund,
Untersuchungen über die Trocknung von Acetylen zur Herstellung von Dissousgas

Heft 39:
Forschungsgesellschaft Blechverarbeitung e. V., Düsseldorf,
Untersuchungen an prägegemusterten und vorgelochten Blechen

Heft 40:
Landesgeologe Dr.-Ing. W. Wolff, Amt für Bodenforschung, Krefeld,
Untersuchungen über die Anwendbarkeit geophysikalischer Verfahren zur Untersuchung von Spateisengängen im Siegerland

Heft 41:
Techn.-Wissenschaftl. Büro für die Bastfaserindustrie, Bielefeld,
Untersuchungsarbeiten zur Verbesserung des Leinenwebstuhles II

Heft 42:
Professor Dr. Burckhardt Helferich, Bonn,
Untersuchungen über Wirkstoffe — Fermente — in der Kartoffel und die Möglichkeit ihrer Verwendung

Heft 43:
Forschungsgesellschaft Blechverarbeitung e. V., Düsseldorf,
Forschungsergebnisse über das Beizen von Blechen

Heft 44:
Arbeitsgemeinschaft für praktische Dehnungsmessung, Düsseldorf,
Eigenschaften und Anwendungen von Dehnungsmeßstreifen

Heft 45:
Losenhausenwerk Düsseldorfer Maschinenbau AG., Düsseldorf,
Untersuchungen von störenden Einflüssen auf die Lastgrenzenanzeige von Dauerschwingprüfmaschinen

Heft 46:
Professor Dr. phil. W. Fuchs, Aachen,
Untersuchungen über die Aufbereitung von Wasser für die Dampferzeugung in Benson-Kesseln

Heft 47:
Prof. Dr.-Ing. habil. Karl Krekeler, Aachen,
Versuche über die Anwendung der induktiven Erwärmung zum Sintern von hochschmelzenden Metallen sowie zur Anlegierung und Vergütung von aufgespritzten Metallschichten mit dem Grundwerkstoff.

Heft 48:
Max-Planck-Institut für Eisenforschung, Düsseldorf,
Spektrochemische Analyse der Gefügebestandteile in Stählen nach ihrer Isolierung

Heft 49:
Max-Planck-Institut für Eisenforschung, Düsseldorf,
Untersuchungen über Ablauf der Desoxydation und die Bildung von Einschlüssen in Stählen

Heft 50:
Max-Planck-Institut für Eisenforschung, Düsseldorf,
Flammenspektralanalytische Untersuchung der Ferritzusammensetzung in Stählen

Heft 51:
Verein zur Förderung von Forschungs- und Entwicklungsarbeiten in der Werkzeugindustrie e. V., Remscheid,
Untersuchungen an Kreissägeblättern für Holz, Fehler- und Spannungsprüfverfahren

Heft 52:
Forschungsstelle für Azetylen, Dortmund,
Untersuchungen über den Umsatz bei der explosiblen Zersetzung von Azetylen
  a) Zersetzung von gasförmigem Azetylen,
  b) Zersetzung von an Silikagel adsorbiertem Azetylen

Heft 53:
Professor Dr.-Ing. H. Opitz, Aachen,
Reibwert- und Verschleißmessungen an Kunststoffgleitführungen für Werkzeugmaschinen

Heft 54:
Professor Dr.-Ing. habil. F. A. F. Schmidt, Aachen,
Schaffung von Grundlagen für die Erhöhung der spez. Leistung und Herabsetzung des spez. Brennstoffverbrauches bei Ottomotoren mit Teilbericht über Arbeiten an einem neuen Einspritzverfahren

Heft 55:
Forschungsgesellschaft Blechverarbeitung, Düsseldorf,
Chemisches Glänzen von Messing und Neusilber

Heft 56:
Forschungsgesellschaft Blechverarbeitung, Düsseldorf,
Untersuchungen über einige Probleme der Behandlung von Blechoberflächen

Heft 57:
Prof. Dr.-Ing. habil. F. A. F. Schmidt, Aachen,
Untersuchungen zur Erforschung des Einflusses des chemischen Aufbaues des Kraftstoffes auf sein Verhalten im Motor und in Brennkammern von Gasturbinen.

Heft 58:
Gesellschaft für Kohlentechnik m. b. H., Dortmund,
Herstellung und Untersuchung von Steinkohlenschwelteer.

Heft 59:
Forschungsinstitut der Feuerfest-Industrie, Bonn,
Ein Schnellanalysenverfahren zur Bestimmung von Aluminiumoxyd, Eisenoxyd und Titanoxyd in feuerfestem Material mittels organischer Farbreagenzien auf photometrischem Wege
Untersuchungen des Alkali-Gehaltes feuerfester Stoffe mit dem Flammenphotometer nach Riehm-Lange

Heft 60:
Forschungsgesellschaft Blechverarbeitung e. V., Düsseldorf,
Untersuchungen über das Spritzlackieren im elektrostatischen Hochspannungsfeld

Heft 61:
Verein zur Förderung von Forschungs- und Entwicklungsarbeiten in der Werkzeugindustrie e. V., Remscheid,
Schwingungs- und Arbeitsverhalten von Kreissägeblättern für Holz

Heft 62:
Professor Dr. W. Franz, Institut für theoretische Physik der Universität Münster,
Berechnung des elektrischen Durchschlags durch feste und flüssige Isolatoren

Heft 63:
Textilforschungsanstalt Krefeld,
Neue Methoden zur Untersuchung der Wirkungsweise von Textilhilfsmitteln
Untersuchungen über Schlichtungs- und Entschlichtungsvorgänge

Heft 64:
Textilforschungsanstalt Krefeld,
Die Kettenlängenverteilung von hochpolymeren Faserstoffen
Über die fraktionierte Fällung von Polyamiden

Heft 65:
Fachverband Schneidwarenindustrie, Solingen
Untersuchungen über das elektrolytische Polieren von Tafelmesserklingen aus rostfreiem Stahl

Heft 66:
Dr.-Ing. Peter Füsgen VDI †, Düsseldorf
Untersuchungen über das Auftreten des Ratterns bei selbsthemmenden Schneckengetrieben und seine Verhütung

Heft 67:
Heinrich Wösthoff o. H. G., Apparatebau, Bochum,
Entwicklung einer chemisch-physikalischen Apparatur zur Bestimmung kleinster Kohlenoxyd-Konzentrationen

Heft 68:
Kohlenstoffbiologische Forschungsstation e. V., Essen
Algengroßkulturen im Sommer 1952
II. Über die unsterile Großkultur von Scenedesmus obliquus

Heft 69:
Wäschereiforschung Krefeld
Bestimmung des Faserabbaues bei Leinen unter besonderer Berücksichtigung der Leinengarnbleiche

Heft 70:
Wäschereiforschung Krefeld
Trocknen von Wäschestoffen

Heft 71:
Prof. Dr.-Ing. K. Leist, Aachen
Kleingasturbinen, insbesondere zum Fahrzeugantrieb

Heft 72:
Prof. Dr.-Ing. K. Leist, Aachen
Beitrag zur Untersuchung von stehenden geraden Turbinengittern mit Hilfe von Druckverteilungsmessungen

Heft 73:
Prof. Dr.-Ing. K. Leist, Aachen
Spannungsoptische Untersuchungen von Turbinenschaufelfüßen

Heft 74:
Max-Planck-Institut für Eisenforschung, Düsseldorf
Versuche zur Klärung des Umwandlungsverhaltens eines sonderkarbidbildenden Chromstahls

Heft 75:
Max-Planck-Institut für Eisenforschung, Düsseldorf
Zeit-Temperatur-Umwandlungs-Schaubilder als Grundlage der Wärmebehandlung der Stähle

Heft 76:
Max-Planck-Institut für Arbeitsphysiologie, Dortmund
Arbeitstechnische und arbeitsphysiologische Rationalisierung von Mauersteinen

Heft 77:
Meteor Apparatebau Paul Schmeck G. m. b. H., Siegen
Entwicklung von Leuchtstoffröhren hoher Leistung

VERÖFFENTLICHUNGEN
DER ARBEITSGEMEINSCHAFT FÜR FORSCHUNG
DES LANDES NORDRHEIN-WESTFALEN

Im Auftrage des Ministerpräsidenten Karl Arnold
Herausgegeben von Staatssekretär Prof. Leo Brandt

Heft 1:
Prof. Dr.-Ing. Friedrich Seewald, Technische Hochschule Aachen,
Neue Entwicklungen auf dem Gebiete der Antriebsmaschinen
Prof. Dr.-Ing. Friedrich A. F. Schmidt, Technische Hochschule Aachen,
Technischer Stand und Zukunftsaussichten der Verbrennungsmaschinen, insbesondere der Gasturbinen
Dr.-Ing. R. Friedrich, Siemens-Schuckert-Werke A.-G., Mülheimer Werk,
Möglichkeiten und Voraussetzungen der industriellen Verwertung der Gasturbine

Heft 2:
Prof. Dr.-Ing. Wolfgang Riezler, Universität Bonn,
Probleme der Kernphysik
Prof. Dr. phil. Fritz Micheel, Universität Münster,
Isotope als Forschungsmittel in der Chemie und Biochemie

Heft 3:
Prof. Dr. med. Emil Lehnartz, Universität Münster,
Der Chemismus der Muskelmaschine
Prof. Dr. med. Gunther Lehmann, Direktor des Max-Planck-Instituts für Arbeitsphysiologie, Dortmund,
Physiologische Forschung als Voraussetzung der Bestgestaltung der menschlichen Arbeit
Prof. Dr. Heinrich Kraut, Max-Planck-Institut für Arbeitsphysiologie, Dortmund,
Ernährung und Leistungsfähigkeit

Heft 4:
Prof. Dr. Franz Wever, Max-Planck-Institut für Eisenforschung, Düsseldorf,
Aufgaben der Eisenforschung
Prof. Dr.-Ing. Hermann Schenck, Technische Hochschule Aachen,
Entwicklungslinien des deutschen Eisenhüttenwesens
Prof. Dr.-Ing. Max Haas, Techn. Hochschule Aachen,
Wirtschaftliche und technische Bedeutung der Leichtmetalle und ihre Entwicklungsmöglichkeiten

Heft 5:
Prof. Dr. med. Walter Kikuth, Medizinische Akademie Düsseldorf,
Virusforschung
Prof. Dr. Rolf Danneel, Universität Bonn,
Fortschritte der Krebsforschung
Prof. Dr. med. Dr. phil. W. Schulemann, Univ. Bonn,
Wirtschaftliche und organisatorische Gesichtspunkte für die Verbesserung unserer Hochschulforschung

Heft 6:
Prof. Dr. Walter Weizel, Institut für theoretische Physik, Bonn,
Die gegenwärtige Situation der Grundlagenforschung in der Physik
Prof. Dr. Siegfried Strugger, Universität Münster,
Das Duplikantenproblem in der Biologie
Prof. Dr. Rolf Danneel, Universität Bonn,
Über das Verhalten der Mitochondrien bei der Mitose der Mesenchymzellen des Hühner-Embryos
Direktor Dr. Fritz Gummert, Ruhrgas A.-G., Essen,
Überlegungen zu den Faktoren Raum und Zeit im biologischen Geschehen und Möglichkeiten einer Nutzanwendung

Heft 18:
Prof. Dr. med. Dr. phil. W. Schulemann, Universität Bonn,
Theorie und Praxis pharmakologischer Forschung
Prof. Dr. Wilhelm Groth, Direktor des Physikalisch-Chemischen Instituts, Universität Bonn,
Technische Verfahren zur Isotopentrennung

Heft 19:
Dipl.-Ing. Kurt Traenckner, Stellvertr. Vorstandsmitglied der Ruhrgas-A.G., Essen,
Entwicklungstendenzen der Gaserzeugung

Heft 21:
Prof. Dr. phil. Robert Schwarz, Aachen,
Wesen und Bedeutung der Silicium-Chemie
Prof. Dr. Kurt Alder, Universität Köln,
Fortschritte in der Synthese von Kohlenstoffverbindungen

Heft 21 a
Jahresfeier der Arbeitsgemeinschaft für Forschung des Landes Nordrhein-Westfalen am 21. 5. 1952 in Düsseldorf mit Ansprachen des Herrn Bundespräsidenten Professor Dr. Theodor Heuss, des Herrn Ministerpräsidenten Arnold, Frau Kultusminister Teusch, der Herren Professor Dr. Hahn, Professor Dr. Strugger, Vizepräsident Dobbert, Professor Dr. Richter, Professor Dr. Fucks.

Heft 22:
Prof. Dr. Johannes von Allesch, Universität Göttingen,
Die Bedeutung der Psychologie im öffentlichen Leben
Prof. Dr. med. Otto Graf, Max-Planck-Institut für Arbeitsphysiologie, Dortmund,
Triebfedern menschlicher Leistung

Heft 23:
Prof. Dr. phil. Dr. jur. h. c. Bruno Kuske, Universität Köln,
Probleme der Raumforschung
Prof. Dr. Dr.-Ing. e. h. Prager,
Städtebau und Landesplanung

Heft 23 a:
M. Zvegintzov, Wissenschaftliche Forschung und die Auswertung ihrer Ergebnisse. Ziel und Tätigkeit der National Research Development Corporation
Dr. Alexander King, Department of Scientific & Industrial Research, London,
Wissenschaft und internationale Beziehungen

Heft 24:
Prof. Dr. Rolf Danneel, Universität Bonn,
Über die Wirkungsweise der Erbfaktoren
Prof. Dr. K. Herzog, Medizinische Akademie Düsseldorf,
Bewegungsbedarf der menschlichen Gliedmaßengelenke bei der Berufsarbeit

Heft 25:
Prof. Dr. O. Haxel, Heidelberg,
Energiegewinnung aus Kernprozessen
Dr. Dr. Max Wolf, Düsseldorf,
Gegenwartsprobleme der energiewirtschaftlichen Forschung

Heft 26:
Prof. Dr. Friedrich Becker, Universität Bonn,
Ultrakurzwellen aus dem Weltraum, ein neues Forschungsgebiet der Astronomie
Dozent Dr. H. Straßl, Bonn,
Bemerkenswerte Doppelsterne und das Problem der Sternentwicklung

Heft 27:
Prof. Dr. Heinrich Behnke, Universität Münster,
Der Strukturwandel der Mathematik in der ersten Hälfte des 20. Jahrhunderts
Prof. Dr. E. Sperner, Bonn,
Eine mathematische Analyse der Luftdruckverteilungen in großen Gebieten

Heft 28:
Prof. Dr. O. Niemczyk, Aachen,
Die Problematik gebirgsmechanischer Vorgänge im Steinkohlenbergbau
Prof. Dr. W. Ahrens, Krefeld,
Die Bedeutung geologischer Forschung für die Wirtschaft, besonders in Nordrhein-Westfalen

Heft 29:
Prof. Dr. B. Rensch, Münster,
Das Problem der Residuen bei Lernleistungen
Prof. Dr. H. Fink, Köln,
Über Leberschäden bei der Bestimmung des biologischen Wertes verschiedener Eiweiße von Mikroorganismen

Heft 7:
Prof. Dr.-Ing. August Götte, Technische Hochschule Aachen,
Steinkohle als Rohstoff und Energiequelle
Prof. Dr. e. h. Karl Ziegler, Max-Planck-Institut für Kohlenforschung Mülheim a. d. Ruhr,
Über Arbeiten des Max-Planck-Instituts für Kohlenforschung

Heft 8:
Prof. Dr.-Ing. Wilhelm Fucks, Technische Hochschule Aachen,
Die Naturwissenschaft, die Technik und der Mensch
Prof. Dr. sc. pol. Walther Hoffmann, Universität Münster,
Wirtschaftliche und soziologische Probleme des technischen Fortschritts

Heft 9:
Prof. Dr.-Ing. Franz Bollenrath, Technische Hochschule Aachen,
Zur Entwicklung warmfester Werkstoffe
Dr. Heinrich Kaiser, Staatl. Materialprüfungsamt Dortmund,
Stand spektralanalytischer Prüfverfahren und Folgerung für deutsche Verhältnisse

Heft 10:
Prof. Dr. Hans Braun, Universität Bonn,
Möglichkeiten und Grenzen der Resistenzzüchtung
Prof. Dr.-Ing. Carl Heinrich Dencker, Universität Bonn,
Der Weg der Landwirtschaft von der Energieautarkie zur Fremdenergie

Heft 11:
Prof. Dr.-Ing. Herwart Opitz, Technische Hochschule Aachen,
Entwicklungslinien der Fertigungstechnik in der Metallbearbeitung
Prof. Dr.-Ing. Karl Krekeler, Technische Hochschule Aachen,
Stand und Aussichten der schweißtechnischen Fertigungsverfahren

Heft: 12
Dr. Hermann Rathert, Mitglied des Vorstandes der Vereinigten Glanzstoff-Fabriken A.-G., Wuppertal-Elberfeld,
Entwicklung auf dem Gebiet der Chemiefaser-Herstellung
Prof. Dr. Wilhelm Weltzien, Direktor der Textilforschungsanstalt Krefeld,
Rohstoff und Veredlung in der Textilwirtschaft

Heft: 13
Dr.-Ing. e. h. Karl Herz, Chefingenieur im Bundesministerium für das Post- und Fernmeldewesen Frankfurt a. Main,
Die technischen Entwicklungstendenzen im elektrischen Nachrichtenwesen
Ministerialdirektor Dipl.-Ing. Leo Brandt, Düsseldorf,
Navigation und Luftsicherung

Heft 14:
Prof. Dr. Burckhardt Helferich, Universität Bonn,
Stand der Enzymchemie und ihre Bedeutung
Prof. Dr. med. Hugo W. Knipping, Direktor der Med. Universitätsklinik Köln,
Ausschnitt aus der klinischen Carcinomforschung am Beispiel des Lungenkrebses

Heft 15:
Prof. Dr. Abraham Esau, Technische Hochschule Aachen,
Die Bedeutung von Wellenimpulsverfahren in Technik und Natur
Prof. Dr.-Ing. Eugen Flegler, Technische Hochschule Aachen,
Die ferromagnetischen Werkstoffe in der Elektrotechnik und ihre neueste Entwicklung

Heft 16:
Prof. Dr. rer. pol. Rudolf Seyffert, Universität Köln,
Die Problematik der Distribution
Prof. Dr. rer. pol. Theodor Beste, Universität Köln,
Der Leistungslohn

Heft 17:
Prof. Dr.-Ing. Friedrich Seewald, Technische Hochschule Aachen,
Die Flugtechnik und ihre Bedeutung für den allgemeinen technischen Fortschritt
Prof. Dr.-Ing. Edouard Houdremont, Essen,
Art und Organisation der Forschung in einem Industriekonzern

Heft 30:
Prof. Dr.-Ing. F. Seewald, Aachen,
Forschungen auf dem Gebiete der Aerodynamik
Prof. Dr.-Ing. K. Leist, Aachen,
Forschungen in der Gasturbinentechnik

Heft 31:
Direktor Dr. F. Mietzsch, Wuppertal,
Chemie und wirtschaftliche Bedeutung der Sulfonamide
Prof. Dr. G. Domagk, Wuppertal,
Die experimentellen Grundlagen der Chemotherapie der bakteriellen Infektionen

Heft 32:
Prof. Dr. Hans Braun, Universität Bonn,
Die Verschleppung von Pflanzenkrankheiten und -schädlingen über die Welt
Prof. Dr. Wilhelm Rudorf, Max-Planck-Institut für Züchtungsforschung, Voldagsen,
Der Beitrag von Genetik und Züchtung zur Bekämpfung von Viruskrankheiten der Nutzpflanzen

Heft 33:
Prof. Dr.-Ing. V. Aschoff, Aachen,
Probleme der elektroakustischen Einkanalübertragung
Prof. Dr.-Ing. H. Döring, Aachen,
Erzeugung und Verstärkung von Mikrowellen

Heft 34:
Geheimrat Prof. Dr. Rudolf Schenck, Aachen,
Bedingungen und Gang der Kohlenhydratsynthese im Licht
Prof. Dr. Emil Lehnartz, Universität Münster,
Die Endstufen des Stoffabbaus im Organismus

Heft 35:
Prof. Dr.-Ing. H. Schenk, Aachen,
Gegenwartsprobleme der Eisenindustrie in Deutschland
Prof. Dr.-Ing. E. Piwowarsky, Aachen,
Gelöste und ungelöste Probleme des Gießereiwesens

Geisteswissenschaften

Heft 1:
Prof. Dr. W. Richter, Bonn,
Die Bedeutung der Geisteswissenschaften für die Bildung unserer Zeit
Prof. Dr. J. Ritter, Münster,
Die aristotelische Lehre vom Ursprung und Sinn der Theorie

Heft 2:
Prof. Dr. J. Kroll, Köln,
Elysium
Prof. Dr. G. Jachmann, Köln,
Die vierte Ekloge Vergils

Heft 3:
Prof. Dr. H. E. Stier, Münster,
Die klassische Demokratie

Heft 4:
Prof. Dr. W. Caskel, Köln,
Lihjan und Lihjanisch. Sprache und Kultur eines früharabischen Königreiches

Heft 5:
Prof. Dr. Th. Ohm, Münster,
Stammesreligionen im südlichen Tanganyika-Territorium. — Religionswissenschaftliche Ergebnisse meiner Ostafrikareise 1951

Heft 6:
Prälat Prof. Dr. G. Schreiber, Münster,
Deutsche Wissenschaftspolitik von Bismarck bis zum Atomphysiker Otto Hahn

Heft 7:
Prof. Dr. W. Holtzmann, Bonn,
Das mittelalterliche Imperium und die werdenden Nationen

Heft 8:
Prof. Dr. W. Caskel, Köln,
Die Bedeutung der Beduinen in der Geschichte der Araber

Heft 9:
Prälat Prof. Dr. G. Schreiber, Münster,
Iroschottische und angelsächsische Kultureinflüsse im Mittelalter

Heft 10:
Prof. Dr. P. Rassow, Köln,
Forschungen zur Reichsidee im 16. und 17. Jahrhundert

Heft 11:
Prof. Dr. H. E. Stier, Münster,
Roms Aufstieg zur Weltherrschaft

Heft 12:
Prof. Dr. D. K. H. Rengstorf, Münster,
Zum Problem der Gleichberechtigung zwischen Mann und Frau auf dem Boden des Urchristentums
Prof. Dr. H. Conrad, Bonn,
Grundprobleme einer Reform des Familienrechts

Heft 13:
Professor Dr. Max Braubach, Bonn,
Der Weg zum 20. Juli 1944 — Ein Forschungsbericht

Heft 14:
Prof. Dr. Paul Hübinger, Münster
Das deutsch-französische Verhältnis und seine mittelalterlichen Grundlagen

Heft 15:
Prof. Dr. Franz Steinbach, Bonn,
Der geschichtliche Weg des wirtschaftenden Menschen in die soziale Freiheit und politische Verantwortung

Heft 16:
Prof. Dr. Josef Koch, Köln,
Die Ars coniecturalis des Nikolaus von Cues

Heft 17:
Dr. James B. Conant,
U.S.-Hochkommissar für Deutschland,
Staatsbürger und Wissenschaftler
Prof. Dr. D. Karl Heinrich Rengstorf, Münster,
Antike und Christentum

Heft 18:
Prof. Dr. Richard Alewyn, Köln,
Klopstocks Publikum

Heft 19:
Prof. Dr. Fritz Schalk, Köln,
Das Lächerliche in der französischen Literatur des Ancien Régime

Heft 20:
Prof. Dr. Ludwig Raiser, Bad Godesberg,
Präsident der Deutschen Forschungsgemeinschaft
Rechtsfragen der Mitbestimmung

Heft 21:
Prof. D. Martin Noth, Bonn,
Das Geschichtsverständnis der alttestamentlichen Apokalyptik
Prof. Dr.-Ing. Wilhelm Fucks, Aachen
Einige Probleme aus der Theorie des Sprechens, der Sprachen und des Sprechstils in mathematischer Behandlung

MIX
Papier aus verantwortungsvollen Quellen
Paper from responsible sources
FSC® C105338

If you have any concerns about our products,
you can contact us on
ProductSafety@springernature.com

In case Publisher is established outside the EU,
the EU authorized representative is:
**Springer Nature Customer Service Center GmbH
Europaplatz 3, 69115 Heidelberg, Germany**

Printed by Libri Plureos GmbH
in Hamburg, Germany